Vorgetragen von Herrn Professor Dr. Schtscherbakow in der Klassensitzung am 19. Januar 1961
Zum Druck genehmigt am gleichen Tage

Erschienen im Akademie-Verlag GmbH, Berlin W 8, Leipziger Str. 3—4

Lizenznummer: 202 . 100/730/61
Gesamtherstellung: VEB Druckerei „Thomas Müntzer“ Bad Langensalza
Bestellnummer: 2010/61/III/1
Preis: DM 1,80
Printed in Germany
ES 18 F 2

VORWORT

Betrachtet man die Entwicklung der Wissenschaften als Ganzes, so besteht der wesentlichste methodische Fortschritt wohl darin, daß man im Laufe der Zeit vom qualitativen zum quantitativen Denken übergegangen ist. Der dadurch erzielte Erkenntnisfortschritt besteht einerseits darin, daß man Ereignisse von geschichtlichem Charakter, physikalisch gesprochen also irreversible Vorgänge, in ihrem zeitlichen Verlauf besser erfaßte und die Dauer des Vorganges bzw. seiner Abschnitte exakter maß; andererseits ließ die zahlenmäßige Erfassung Gesetzmäßigkeiten erkennen, die ohne sie nicht in Erscheinung traten. So war die Herkunft der fließenden Gewässer zur Zeit Senecas (4 v.—65 n. d. Z.) noch ein Problem und erst die zahlenmäßige Erfassung der Niederschläge und der Abflußmengen im Bereich der oberen Seine im Jahre 1674 durch Pierre Perrault ließ nach Gegenüberstellung der Meßwerte die uns heute ganz selbstverständliche Situation erkennen. Es erscheint dabei unwesentlich, ob die erzielten neuen Erkenntnisse oder die erkannten Gesetzmäßigkeiten anschaulich sind oder durch Anschaulichkeit begreifbar gemacht werden können. Abgesehen davon, daß Anschaulichkeit kein Kriterium der Richtigkeit ist, stellt diese selbst nur einen derzeitigen Stand unserer menschlichen Fassungskraft dar, ist also zeitbedingt und damit entwicklungsfähig.

Eine von den Wissenschaften, die dem methodischen Fortschritt des Messens und Wägens sehr schwer zugänglich war, ist ohne Zweifel die Geologie. Die Zeiten, wo wir über das Ausmaß der Zeitdauer geologischer Vorgänge noch sehr unklare Vorstellungen hatten, liegt nicht weit zurück. Das hat seinen

Grund vor allem darin, daß die zu messenden Zeiten sehr lang sind und uns dafür weder ein unveränderlicher Maßstab noch eine Möglichkeit, mit einem solchen zu messen, zur Verfügung stand. Den benutzten biochronologischen Zeitskalen fehlt die Unveränderlichkeit des Maßstabes und für die verfügbaren physikalischen Meßgeräte die Möglichkeit einer Messung in die Vergangenheit. Der geforderte Maßstab ergab sich erst, nachdem erkannt wurde, daß die kernphysikalischen Prozesse von den äußeren Faktoren unabhängig zu sein scheinen. Unter der letztgenannten Voraussetzung, für die Zeit bis —600 *a* scheint sie erfüllt zu sein, ist es möglich, im Ablauf von Kernprozessen einen brauchbaren Maßstab für geologische Zeitmessungen zu sehen. Die Möglichkeit der Rückläufigkeit der Messung ergibt sich dabei dadurch, daß zur Festlegung von Zeitpunkten im Ablauf der Erdgeschichte auf kernphysikalischem Weg das Verhältnis zweier Zerfallsprodukte benutzt werden kann. Da dieses Verhältnis auch durch andere Faktoren als dem Zeitablauf beeinflußt wird, ergibt sich trotz Unveränderlichkeit des Maßstabes für die Festlegung eines Ereignisses auf der Zeitskala eine Unsicherheit. Eine Korrektur dieses möglichen Fehlers muß aus dem petrogenetischen Ablauf des untersuchten Gesteins abgeleitet werden. Diese Ableitung geschieht vorläufig auf Grund allgemeiner geologischer Vorstellungen und stets mehrdeutiger Beobachtungen, ist also zur Zeit noch nicht einwandfrei möglich. Dieser Unsicherheit wird man vorerst vielleicht durch statistische Methoden begegnen können.

Eine weitere Schwierigkeit ergibt sich dadurch, daß es notwendig ist, die Zeitpunkte auf der kernphysikalischen Skala mit Zeitpunkten auf der biochronologischen Skala in Korrelation zu bringen. In letzterer liegen aber vollständig andere Prinzipien der Aufstellung zugrunde. Es handelt sich um die Entwicklung biologischer Systeme, die außer von inneren Faktoren, die in den Systemen selbst wirksam sind, auch von äußeren, wie Klima, Tagesrhythmus, Jahresrhythmus usw. entscheidend beeinflußt werden. Die Korrelation beider Skalen ist aus den genannten Gründen, vor allem weil die eine unsere Jahreslänge als Einheit gebraucht, während die zweite den tatsächlichen in geologischen Zeiträumen wahrscheinlich wechselnden Jahresrhythmus als Hauptfaktor enthält, zumindest vorläufig problembehaftet, doch erscheint es nicht ausgeschlossen, daß gerade diese Problematik dazu führen wird, näheren Einblick in das Entwicklungstempo und den Entwicklungsablauf biologischer Systeme zu erlangen.

Trotz aller Schwierigkeiten, die sich entgegen den anfänglichen Erwartungen für die geologische Zeitbestimmung auf kernphysikalischer Basis ergaben, ist es nötig, diesen methodischen Weg energisch weiter zu verfolgen, denn es erscheint unter der Voraussetzung, daß die Kernprozesse in ihrem Ablauf wirklich unbeeinflußbar sind, zur Zeit der einzige zu sein, der Erfolg verspricht.

Herr Schtscherbakow berichtet im folgenden zusammenfassend über die Ergebnisse der sowjetischen Laboratorien in der physikalischen Altersbestimmung und legt sie in Form einer in der SU zur Zeit gültigen Skala vor.

Watznauer

Die neue sowjetische geochronologische Zeittafel

Die Geologie ist eine historische Wissenschaft und benötigt als solche eine Zeitskala, die es gestattet, die erdgeschichtlichen Ereignisse, einschließlich der Entwicklung des Bios, in richtiger Aufeinanderfolge und richtigem gegenseitigen Abstandsverhältnis darzustellen. Der bisher verwandten Zeitskala liegen die Prinzipien der Stratigraphie zugrunde, die es im Verein mit der Paläontologie gestatten, früher oder später, das relative gegenseitige Verhältnis zweier Schichten bzw. Schichtengruppen festzulegen.

Einen wesentlichen Fortschritt in der Geochronologie stellt der Übergang zur absoluten Zeitrechnung dar. Vor rund 50 Jahren wurde von mehreren Seiten vorgeschlagen, den Zerfall radioaktiver Elemente wie Uran, Radium, Thorium, Kalium, Rubidium u. a., die in bestimmten Mineralien vorkommen, für die Zeitmessung zu verwenden. Im Verlauf der weiteren Forschungen erhielten drei radioaktive Zerfallsreihen erhöhte Bedeutung: die Reihe Uran—Radium, die Reihe Aktinouran—Aktinium und die Reihe Thorium. Wenn man die mathematische Formel für den radioaktiven Zerfall und die Halbwertszeit kennt, kann man unter Berücksichtigung der analytisch ermittelten Uran- und Bleigehalte das Alter des betreffenden Minerals bestimmen. Im allgemeinen enthalten die Uran—Thorium-Minerale alle drei radioaktiven chemischen Elemente und vier Bleiisotope. Das natürliche Uran ist ein Gemisch der beiden Isotope U^{235} und U^{238} mit einem Atomverhältnis 1:139. Das gewöhnliche Blei enthält drei Isotope mit den Massenzahlen 206, 207 und 208 sowie geringe Mengen von nichtradiogenem PbO^{204}. Das Alter des Gesteins läßt sich auf Grund folgender drei Verhältnisse errechnen:

$$\frac{Pb^{206}}{U^{238}}, \quad \frac{Pb^{207}}{U^{235}} \quad \text{und} \quad \frac{Pb^{208}}{U^{232}}.$$

Außerdem kann das Alter mit Hilfe von Spezialtabellen aus dem Verhältnis $\frac{Pb^{207}}{Pb^{206}}$ ermittelt werden. Wenn das Mineral seit seiner Bildung keine Veränderung erfahren hat, führen alle vier Verhältniszahlen auf den gleichen Wert, ein Fall, der selbst bei frischem Material sehr selten ist. Die Aufstellung einer absoluten geologischen Zeitskala nach der angegebenen Uran—Thorium-Methode ist mit weiteren Schwierigkeiten behaftet. Einmal sind die uran- und thoriumhaltigen Mineralien sehr selten und nicht in allen geologischen Formationen vertreten, zum anderen sind die Uran—Thorium-Mineralien an Eruptivgesteine gebunden, die mit ihrer durchgreifenden Lagerung eine genaue Altersfestlegung in der biostratigraphischen Skala nicht immer mit der gewünschten Sicherheit gestattet. Außer den genannten Schwierigkeiten geologischer Natur tritt noch hinzu, daß bei den genannten Mineralien ein unkontrollierbarer Verlust an Uran, das Auftreten von nichtradiogenem Blei im Edukt sowie der unkontrollierbare Verlust von Helium nur sehr schwer und im ersteren und letzteren Falle überhaupt nicht mit Sicherheit erkannt werden kann. Aus diesem Grunde wurden vor allen Dingen von sowjetischer Seite Methoden ausgearbeitet, die sich auf den radioaktiven Zerfall des Kalium 40 gründen. Die Methode entspricht grundsätzlich der anfangs geschilderten und verwendet das Verhältnis Kalium 40—Argon zur Altersdatierung. Die bisher mit dieser Methode unter Verwendung von Glimmer, Kalifeldspat und anderen kaliumenthaltenden Stoffen gewonnenen Ergebnisse stimmen mit den nach der Bleimethode erhaltenen im allgemeinen gut überein. In der Frühzeit der absoluten Altersbestimmungen wurden vor allem magmatisch gebildete Minerale verwendet. Daraus ergab sich die Schwierigkeit eines Vergleichs mit der biostratigraphischen Skala, die sich im wesentlichen auf sedimentär gebildete Gesteine stützt. 1925 schlug M. M. Rubinstein aus Tbilissi vor, Glaukonit für die Kalium—Argon-Methode heranzuziehen. Gegen diesen Vorschlag wurden Zweifel angemeldet. Der Glaukonit ist ein glimmerähnliches Mineral von wechselnder Zusammensetzung.. Er ändert unkontrollierbar durch Absorption seinen Basen- und seinen Wassergehalt. Es ist weiter schwer zu übersehen, was mit dem Glaukonit im Verlaufe der Jahrmillionen seit seiner Bildung geschehen ist. Diese Zweifel sind bis heute nicht völlig geklärt, jedoch scheint die Praxis für die Verwendungsmöglichkeit des Glaukonits zu sprechen, denn die erzielten Ergebnisse stimmen im allgemeinen mit den auf anderem Wege gewonnen Zahlen gut überein. Bis jetzt liegen mehrere hundert Altersbestimmungen sowohl für Gesteine im ganzen als auch für abgetrennten Glaukonit nach der Kalium—Argon-Methode vor. Die erhaltenen Ergebnisse gestatten es, die Lücken in den bisherigen absoluten Zeitskalen auszufüllen.

Bis vor kurzem wurden Altersbestimmungen von Mineralen und Gesteinen in der SU nur von Fall zu Fall für einzelne Probleme durchgeführt. Die ermittelten Zahlen ergaben keine geschlossene Skala und wurden im allgemeinen mit der Holmes-Skala bzw. mit dem biostratigraphischen Schema verglichen. Erst nach dem Großen Vaterländischen Krieg wurden eigene Laboratorien, mit Massenspektrometer ausgerüstet, speziell für Altersbestimmungen in der UdSSR gebaut. In Leningrad arbeiten gegenwärtig drei sehr gut ausgerüstete Laboratorien, in Moskau und Alma-Ata je zwei, in Kiew, Swerdlowsk, Ufa, Tbilissi und Mahatschkala je eins. Weitere Laboratorien sind in Jerewan, Nowossibirsk und Magadan vorgesehen.

Während sich am Anfang keine wesentlichen Abweichungen von der ersten klassischen Holmes-Skala ergaben, stellte sich in den letzten Jahren heraus, daß einige Stellen dieser in einer seltenen Ausgabe der Geologenassoziation in Glasgow erschienenen Skala einer Überprüfung bedürfen. In der UdSSR arbeitet z. Z. eine Sonderkommission der Abteilung Geographie und Geologie der Akademie der Wissenschaften der UdSSR an der Aufstellung einer Skala der physikalischen Altersdaten. Sie stützt sich dabei auf die besten Werte, die in den genannten Laboratorien erhalten wurden. Die Kommission beendete im Juni 1960 ihren Auftrag und die neue Skala wurde im „Nachrichtendienst der Akademie der Wissenschaften der UdSSR"; Abteilung Geologie, Heft 10, Jg. 1960, Seite 17—21 veröffentlicht: siehe Abb. 1. Zum Vergleich mit den bereits existierenden Skalen siehe Abb. 2. Bei der Zusammenstellung der neuen Skala ergaben sich Verschiedenheiten in der Datierung für geologisch gleichaltrige paläozoische Formationen aus verschiedenen Ablagerungsräumen. So liegt nach Ansicht einiger Mitglieder der o. a. Kommission, vor allem aus Kasachstan, und Mitarbeitern des Institut für Geochemie und Analytische Chemie der Akademie der Wissenschaften der UdSSR die Altersgrenze zwischen Perm und Karbon bei 300 Mio. Jahren, zwischen Karbon und Devon bei 380 Mio. Jahren, die Grenze Devon/Silur bei 430 Mio. Jahren und die Unterkante des Silurs bei 460 Mio. Jahren. Das ist jeweils um rund 30 bis 60 Mio. Jahre mehr, als auf der offiziell herausgegebenen Skala.

Die Bestimmungen stützen sich in den meisten Fällen auf Biotit und Muskovit granitoider Gesteine, deren Altersstellung gesichert erscheint. Altersbestimmungen aus Glaukonit wurden vor allem zur Ergänzung dann herangezogen, wenn die Alterseinstufung der Intrusivgesteine nach oben oder unten unsicher war.

Glaukonite wurden grundsätzlich aus verschiedenen Ablagerungsgebieten gleichaltriger Schichten nichtmetamorphen Charakters genommen. Für das Kambrium der UdSSR ist das Verfahren über Glaukonit z. Z. das allein mögliche. Hierbei ergeben sich Differenzen in den Alterszahlen für stratigraphisch gleiche Horizonte aus verschiedenen Gebieten. Das gilt vor

Geochronologische Skala

(Lt. absoluten Altersbestimmungen aus dem Jahre 1960)

Zeitalter Ära	Formationen und Abteilungen Perioden			Grenzenzeit (in Millionen Jahren) für Formationen, Abteilungen usw.
Känozoikum	Tertiär	Neogen	Pliozän	10
			Miozän	25
		Palöogen	Oligozän	40
		Eozän,	Paläozän	70
Mesozoikum	Kreide		obere	100
			untere	140
	Jura			185
	Trias			225
Paläozoikum	Perm			270
	Karbon			320
	Devon			400
	Silur/Gotlandium			420
	Ordovizium			480
	Kambrium			570—600
Präkambrium IV	Riphäikum, Sinium, spätes Präkambrium, Proterozoikum II			1100—1200
Präkambrium III	Proterozoikum, Proterozoikum I			1800—1900
Präkambrium II	Archaikum			2600—2700
Präkambrium I	Katarchaikum			3400—3500

Abb. 1

allem für kleinere Einheiten. Diese Verschiedenheiten sind aber nicht so wesentlich, als das man die Zahl von rund 600 Mio.

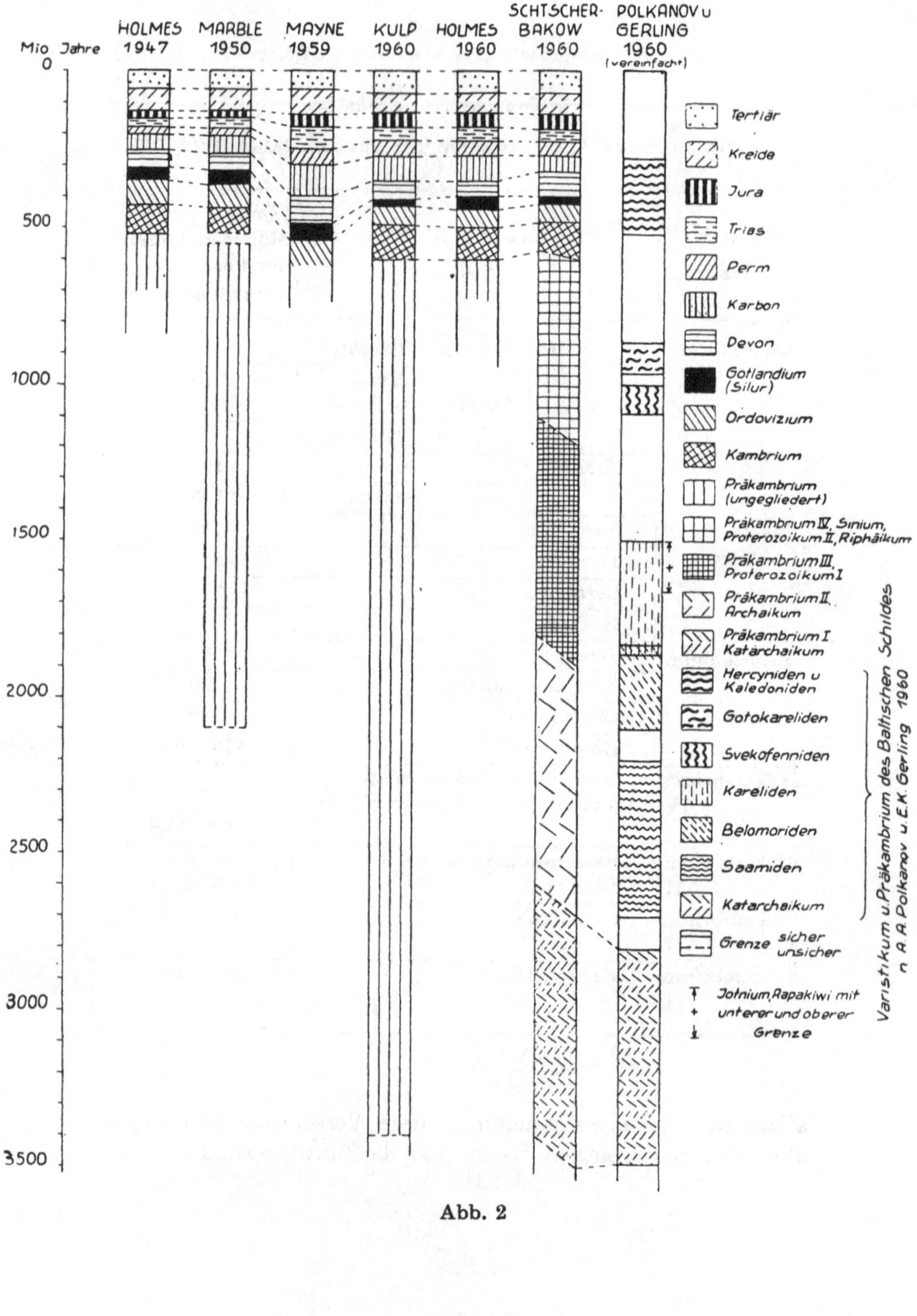
HOLMES 1947
MARBLE 1950
MAYNE 1959
KULP 1960
HOLMES 1960
SCHTSCHER-BAKOW 1960
POLKANOV u GERLING 1960 (vereinfacht)
Mio Jahre
0
500
1000
1500
2000
2500
3000
3500
Tertiär
Kreide
Jura
Trias
Perm
Karbon
Devon
Gotlandium (Silur)
Ordovizium
Kambrium
Präkambrium (ungegliedert)
Präkambrium IV, Sinium, Proterozoikum II, Riphäikum
Präkambrium III, Proterozoikum I
Präkambrium II, Archaikum
Präkambrium I Katarchaikum
Hercyniden u Kaledoniden
Gotokareliden
Svekofenniden
Kareliden
Belomoriden
Saamiden
Katarchaikum
Grenze sicher unsicher
Jotnium, Rapakiwi mit unterer und oberer Grenze
Varistikum u. Präkambrium des Baltischen Schildes n. A. A. Polkanov u. E. K. Gerling 1960

Abb. 2

Jahren, die aus Glaukoniten der kambrischen blauen Tone gewonnen wurde, nicht als gesichert annehmen kann.

In großen Gebieten, vor allem in Synklisen der Plattformen liegen unter dem ältesten für sie belegten Kambrium mächtige schwach metamorphe Gesteinspakete, die eng mit dem Kambrium verbunden sind. Die Benennung dieser tieferen Serien ist gebietsweise verschieden. In China geht sie unter den Namen Sinium und wird in drei Stufen geteilt. Auf dem westlichen Abhang des Südurals ist diese Schichtenserie über 15000 m mächtig und wird von oben nach unten in drei Stufen eingeteilt:

Karatawskaja (oben),
Jurmatinskaja und
Burjanskaja (unten).

1945 schlug Akademiker N. S. Schatski vor, diese Schichtengruppe auf Grund ihrer Eigenart und der Möglichkeit ihrer biostratigraphischen Einteilung abzusondern und als Riphäikum zu bezeichnen. Dieser Vorschlag wurde allgemein angenommen und wird durch die neuen Altersdatierungen sowohl in Hinblick auf ihre stratigraphische Lage als auch in Hinblick auf ihre Dauer bestätigt. Für die Geochronologie des Präkambriums wurden für die Skala hauptsächlich die Angaben des Akademikers A. A. Polkanow und Dr. E. A. Gerling genommen, die auf Grund von 540 Altersbestimmungen nach der Kalium—Argon-Methode an Glimmer aus Karelien, Kola, Finnland, Norwegen und Schweden gewonnen wurden. Für das Riphäikum wurden Bestimmungen aus Baschkirien, Kildin und Rybatschij berücksichtigt. Für das Riphäikum Baschkiriens liegen einige widersprüchige Zahlen vor, vor allem wurde ein zu hohes Alter für die Granite des Berdjausch-Massivs, das die Satkinsk-Schichten schneidet, erhalten. Nach der Meinung A. A. Polkanows umfaßt das obere Riphäikum die Zeit von 770—880 Mio. Jahren, das untere Riphäikum die Zeit von 900—1070, die Ghotiden Schwedens den von 1270—1380 und das Jotnium Schwedens und Finnlands den Zeitraum von 1185 bis 1300 Mio. Jahren. Das Karelium wird zwischen 1620—1880 datiert und für dieses Alter, da A. A. Polkanow die Svecofeniden als wahrscheinlich äquivalente Bildung der Kareliden auffaßt, auch für dieses angenommen. Die Schichtenfolgen von den Ghotiden bzw. dem Jotnium bis zu den Belomoriden werden von den sowjetischen Geologen als Proterozoikum zusammengefaßt. Das Archaikum wird folgendermaßen gegliedert: Oberes Archaikum oder Belomoriden 1950—2150 Mio. Jahre, unteres Archaikum, das sich in die obere Saami 2150—2450 und die untere Saami 2510—2870 gliedert, sowie das Katarchaikum, das in eine obere 3060—3100 und in eine untere Abteilung mit 3500 Mio. Jahren teilt. Das Katarchaikum liegt nur in Form von Gneisen und Graniten vor, die in den magmatischen Gliedern des Archaikums der Kola-Halbinsel als Einschluß erscheinen. Für die postkambrische Zeit wurden 1959 von L. Kulp (USA) neue Zahlen veröffentlicht und dem Internationalen Geologenkongreß vorgelegt. Weiter veröffentlichte A. Holms 1960 eine neue Skala, worin er auch die in der UdSSR gewonnenen Ergebnisse benutzt. Die neue sowjetische Skala von 1960 hat den genannten gegenüber folgende Vorzüge:

1. Genauere Präzisierung und Vervollständigung einiger postkambrischer Zeitmarken
2. Der Versuch, das Präkambrium in vier Zeitalter zu gliedern und deren Dauer festzulegen, wobei sich ergibt, daß das Präkambrium etwa $^5/_6$ der gesamten Zeit der Erdentwicklung ausmacht.

Die Altersbestimmungen werden in der UdSSR auch in anderem Zusammenhang benützt. Sie führen zur Vorstellung über eine fortschreitende nichtumkehrbare Entwicklung der Erde als Planet einschließlich aller Prozesse auf ihrer Oberfläche. Die Ansicht fortlaufender Veränderung war in der sowjetischen Geologie schon früher bekannt, doch ergab eine tiefere Analyse der Entwicklungsgeschichte der Erde auf Grund der neuen Tatsachen, die von der Astrophysik, Geochemie und Geophysik geliefert wurden, die Erkenntnis, daß auch die geologischen Prozesse veränderlich sind.

Die absoluten Altersbestimmungen erweisen sich auch in praktischer Hinsicht als sehr wertvoll, vor allem in Hinblick auf die Erstellung von geologischen Karten und die Weiterentwicklung geologischer Vorstellungen hinsichtlich der ursprünglichen Zusammensetzung der Atmosphäre, Hydrosphäre usw.

ABHANDLUNGEN DER DEUTSCHEN AKADEMIE DER WISSENSCHAFTEN ZU BERLIN

Klasse für Bergbau, Hüttenwesen und Montangeologie

In dieser Schriftenreihe erschienen bis jetzt:

Jahrgang 1958

1 Jenaro González-Reyna: Erupción del „Volcán de Fuego de Colima“
1958. 19 Seiten — 8 Abbildungen im Text — 14 Abbildungen auf 8 Kunstdrucktafeln — 2 Tabellen — 4° — DM 5,50

2a Internationale Gebirgsdrucktagung 1958. Leipzig, 14. bis 16. Oktober 1958. Vorträge
1958. 168 Seiten — 224 Abbildungen auf CXL Seiten — 27 Abbildungen und 11 Tabellen im Text — 2 Falttafeln — 4° — DM 37,50

2b Internationale Gebirgsdrucktagung 1958. Leipzig, 14. bis 16. Oktober 1958. Diskussionen
1959. 203 Seiten — 98 Abbildungen — 5 Tabellen — 4° — DM 21,—

Jahrgang 1960

1 Festschrift zum 70. Geburtstag von Ernst Kraus
1960. 378 Seiten — 140 Abbildungen — 28 Karten und 6 Tabellen im Text und auf Tafeln sowie 24 Tafeln und 1 Portrait — 4° — DM 70,—

Jahrgang 1961

1 Bericht über das 1. Ländertreffen des internationalen Büros für Gebirgsmechanik, Leipzig, 3. bis 7. November 1959
1961. 148 Seiten — 71 Abbildungen — 4° — DM 16,—

Bestellungen durch eine Buchhandlung erbeten

AKADEMIE-VERLAG · BERLIN